Dr. Neha Desai

Síntese de nanopartículas de ZnO

Dr. Neha Desai

Síntese de nanopartículas de ZnO

ScienciaScripts

Imprint

Any brand names and product names mentioned in this book are subject to trademark, brand or patent protection and are trademarks or registered trademarks of their respective holders. The use of brand names, product names, common names, trade names, product descriptions etc. even without a particular marking in this work is in no way to be construed to mean that such names may be regarded as unrestricted in respect of trademark and brand protection legislation and could thus be used by anyone.

Cover image: www.ingimage.com

This book is a translation from the original published under ISBN 978-620-7-84226-1.

Publisher:
Sciencia Scripts
is a trademark of
Dodo Books Indian Ocean Ltd. and OmniScriptum S.R.L publishing group

120 High Road, East Finchley, London, N2 9ED, United Kingdom
Str. Armeneasca 28/1, office 1, Chisinau MD-2012, Republic of Moldova, Europe
Printed at: see last page
ISBN: 978-620-7-91610-8

Índice

Capítulo 1: Introdução ao ZnO

1.1 Introdução:

O óxido de zinco é um composto inorgânico com a fórmula ZnO. Apresenta-se sob a forma de pó branco e é quase utilizado como aditivo em numerosos materiais e produtos, incluindo cerâmica, vidro, cimento, borracha (por exemplo, pneus de automóveis), selantes, pigmentos O óxido de zinco é o conhecido óxido de metal de transição (TMO).

O ZnO é insolúvel em água e solúvel em ácidos e bases diluídos. São produzidas várias nanopartículas de óxidos metálicos com possíveis aplicações futuras. Entre eles, o óxido de zinco é considerado um dos mais bem explorados à dimensão de nanopartículas. O grande intervalo de banda e a grande energia de ligação excitónica tornaram o óxido de zinco importante tanto para aplicações científicas como industriais.

Entre os óxidos metálicos semicondutores, algumas estruturas semicondutoras são identificadas pelas suas potenciais aplicações únicas e vastas em optoelectrónica, transístores de efeito de campo, células solares, dispositivos de fotoluminescência e semicondutores magnéticos diluídos, etc. O interessante desenvolvimento das aplicações optoelectrónicas deve-se às tecnologias de produção de energia de curta duração, de díodos laser e de luz branca, amigas do ambiente, que funcionam para além da temperatura ambiente. O ZnO é um material adaptável ao estudo científico. A variação das propriedades do ZnO através da inserção de impurezas/dopantes tornou-se um assunto recente e emergente. O fenómeno da dopagem no ZnO, ou seja, o ZnO como material hospedeiro, será criado pelos investigadores; adaptando as suas propriedades ópticas, estruturais, eléctricas e magnéticas através da modificação da sua estrutura eletrónica. Devido aos resultados da dopagem, verifica-se uma melhoria em diversas aplicações, como eletrónica, spintrónica, optoelectrónica, fotocatalítica, antibacteriana, etc. Estas melhorias em diferentes áreas de aplicação devem-se à sua energia de banda larga direta, à luminescência, à elevada mobilidade de electrões e à discutível conduta ferromagnética à temperatura ambiente em diversas estruturas, como monocristais, películas finas, pós e nanoestruturas. Esta revisão centrou-se extensivamente na secção transversal abrangente das propriedades luminescentes, estruturais, ópticas e magnéticas do ZnO e em várias aplicações, com as principais direcções de desenvolvimento, servindo de início, orientação e estímulo para a investigação futura.

O progresso da nova geração de materiais electrónicos, spintrónicos e optoelectrónicos depende das propriedades dos materiais, para além da ciência básica que acompanha as suas propriedades e da engenharia dos materiais. São as propriedades de um material que acabam por concluir a sua eficácia numa aplicação. As correlações entre estrutura e propriedade sempre foram primordialmente e inerentemente importantes para a ciência e engenharia de materiais. O objetivo é apresentar informações essenciais sobre as teorias científicas elementares dos materiais de ZnO, juntamente com a forma como estes materiais são utilizados em aplicações tecnológicas.

A luminescência, cujo primeiro nome foi dado em 1888 pelo físico alemão Eilhard Wiedemann, é classificada como a emissão electromagnética de fósforos com excitação adequada. Wiedemann caracterizou a emissão de luz proveniente de outros processos que não o aumento de temperatura [1]. A luminescência, também chamada de "luz fria", é diferente da incandescência, que é a luminosidade libertada por um material como efeito do aquecimento. A classificação da luminescência existente na fonte de excitação é dada na Tabela 1. Para as características ópticas no presente estudo, o foco será na primeira forma de luminescência na tabela, ou seja, a fotoluminescência, uma vez que é mais comumente usada em células solares [2].

A teoria da luminescência estava ainda numa fase inicial de desenvolvimento e este domínio era tratado *"mais como uma arte do que como uma ciência"*. A produção de materiais luminescentes valiosos e eficazes era mais importante. Lenard e a sua equipa realizaram investigações metódicas e exaustivas sobre as propriedades fundamentais de materiais como os fósforos de sulfuretos alcalino-terrosos [3]. Os estudos sobre luminescência motivados por possibilidades de aplicação geraram resultados de importância fundamental e facilitaram o consequente trabalho de interpretação, pelo menos nalguns casos simples. Hilsch, Pohl e os seus colaboradores estudaram as propriedades ópticas e electrónicas dos cristais de halogenetos de metais alcalinos e dos centros de cor, o que pode ser considerado como um marco no progresso da compreensão das propriedades dos cristais luminescentes [3].

As propriedades exclusivas dos materiais luminescentes, devido à sua pequena dimensionalidade, e as vantagens oferecidas pelos materiais semicondutores com um grande intervalo de banda tornaram-se muito importantes para os investigadores. As novas tecnologias dependem fortemente das propriedades magnéticas e ópticas dos iões de terras raras (ER). Neste contexto, a sua capacidade de produzir luminescência no infravermelho próximo (NIR) bem caracterizada e concentrada é utilizada nas actuais redes de telecomunicações de fibra ótica [4]. Os materiais luminescentes RE desempenham um papel indispensável na criação de aplicações ópticas avançadas. Os materiais que envolvem luminescência NIR têm suscitado especial interesse no domínio das aplicações electrificantes em telecomunicações [5] e lasers conexos, dispositivos de díodos emissores de luz (LED)/díodos orgânicos emissores de luz (OLED) [6], biociências e conversão de energia solar. Nos últimos anos, a importância dos óxidos cristalinos de largo intervalo de banda dopados com iões de ER aumentou devido à sua relevância para a imagiologia ótica, a fotocatálise, a optoelectrónica, os dispositivos de iluminação e também para a conversão ascendente/descendente da frequência dos fotões. Na década de 1970, as células solares emparelhadas com concentradores luminescentes foram sugeridas como conversão de frequência ótica através da fotoluminescência. Foram propostos diversos métodos para superar as perdas de eficiência e estes processos centram-se numa melhor utilização do espetro solar, nomeadamente as células solares de junção múltipla, os concentradores de pontos quânticos, as transições entre bandas e a conversão descendente da frequência dos fotões. Entre os diferentes processos, quando um fotão de alta energia pode ser travado em dois ou mais fotões de menor energia que podem ser absorvidos e convertidos para cima e, num procedimento diferente, dois fotões de menor energia podem ser unidos para obter um fotão de alta energia, etc. Comparativamente, a alteração da frequência dos fotões permite-nos alterar o espetro solar, modificando ou variando uma série espetral para uma área onde a célula solar apresenta uma saída melhorada, pois sabemos que a variação entre o espetro incidente e a saída espetral é uma das causas importantes para a redução da eficiência das células solares. Desde os primeiros relatórios [4], esta perspetiva de alteração da frequência foi combinada com concentradores luminescentes que utilizam moléculas de corantes orgânicos. Em comparação, devido à menor eficiência e à inamovibilidade destes materiais orgânicos, foram dados passos significativos na descoberta de diversos materiais nanoestruturados como pontos quânticos, semicondutores óxidos impuros de grande intervalo de banda. Esta explicação criou curiosidade sobre este assunto e foram efectuados numerosos trabalhos científicos sobre estes materiais. A absorção de fotões em semicondutores de óxido, que se processa através de um movimento de energia em direção a alguns níveis dos iões RE, é principalmente eficaz. Na literatura anterior, vários investigadores têm relatado a dopagem de semicondutores óxidos por numerosos iões RE, explorando o efeito nas propriedades estruturais e de luminescência. A partir destes relatórios, foi revelado que as propriedades dos óxidos podem ser adaptadas pela adição de diversos iões dopantes e também pelos parâmetros de processamento. No que diz respeito às aplicações de luminescência em óxidos de banda larga, as emissões UV, visíveis e NIR são a matriz hospedeira mais adequada para dopar intencionalmente impurezas para muitas aplicações tecnológicas. Nos últimos anos, os diversos nanomateriais semicondutores dopados com iões RE têm atraído a atenção em diferentes áreas, tais como dispositivos electroluminescentes de película fina (TFEL), dispositivos optoelectrónicos ou catodoluminescentes. Os isoladores dopados com iões RE são utilizados em fósforos, telecomunicações, lasers, análises médicas e como amplificadores. Este estudo apresenta um estudo exaustivo dos materiais luminescentes, das propriedades fundamentais do material hospedeiro, ou seja, o ZnO, das propriedades ópticas, das propriedades magnéticas e das aplicações em diversas áreas da indústria.

1.2 *Propriedades do ZnO*

Molecular weight	81.38 g/ml
Melting point	1975^0C
Boiling Point	2360^0C
Band Gap	3.3 ev
Magnetic Susceptibility	$-27.2.10^{-6}$ cm^3/mol
Appearance	White Powder
Odor	Odorless
Refractive index	2.0041
Density	$5.61 g/cm^3$

1.2 Estrutura cristalina:

O óxido de zinco cristaliza-se em duas formas principais, a wurtzite hexagonal[31] e a zincblenda cúbica. A estrutura wurtzite é a mais estável em condições ambientais e, por conseguinte, a mais comum. A forma de zincblenda pode ser estabilizada através do crescimento de ZnO em substratos com estrutura de rede cúbica. Em ambos os casos, os centros de zinco e de óxido são tetraédricos, a geometria mais caraterística do Zn(II). O ZnO converte-se para a forma de sal-gema a pressões relativamente elevadas, cerca de 10 GPa[13].

Os polimorfos hexagonais e de zincblenda não têm simetria de inversão (a reflexão de um cristal em relação a um determinado ponto não o transforma em si mesmo). Esta e outras propriedades de simetria da rede resultam na piezoeletricidade do ZnO hexagonal e da zincblenda, e na piroeletricidade do ZnO hexagonal.

A estrutura hexagonal tem um grupo de pontos 6 mm (notação de Hermann-Mauguin) ou C6v (notação de Schoenflies), e o grupo espacial é P63mc ou C6v4. As constantes de rede são a = 3,25 Å e c = 5,2 Å; o seu rácio c/a ~ 1,60 está próximo do valor ideal para a célula hexagonal c/a = 1,633.[32] Tal como na maioria dos materiais do grupo II-VI, a ligação no ZnO é maioritariamente iónica (Zn2+O2-) com os raios correspondentes de 0,074 nm para o Zn2+ e 0,140 nm para o O2-. Esta propriedade explica a formação preferencial de wurtzite em vez da estrutura de blenda de zinco,[33] bem como a forte piezoeletricidade do ZnO. Devido às ligações polares Zn-O, os planos de zinco e de oxigénio estão eletricamente carregados. Para manter a neutralidade eléctrica, esses planos reconstroem-se a nível atómico na maioria dos materiais relativos, mas não no ZnO - as suas superfícies

são atomicamente planas, estáveis e não apresentam reconstrução[34].
No entanto, estudos que utilizaram estruturas wurtzóides explicaram
a origem da planicidade da superfície e a ausência de reconstrução nas
superfícies wurtzíticas do ZnO[35], para além da origem das cargas
nos planos de ZnO.

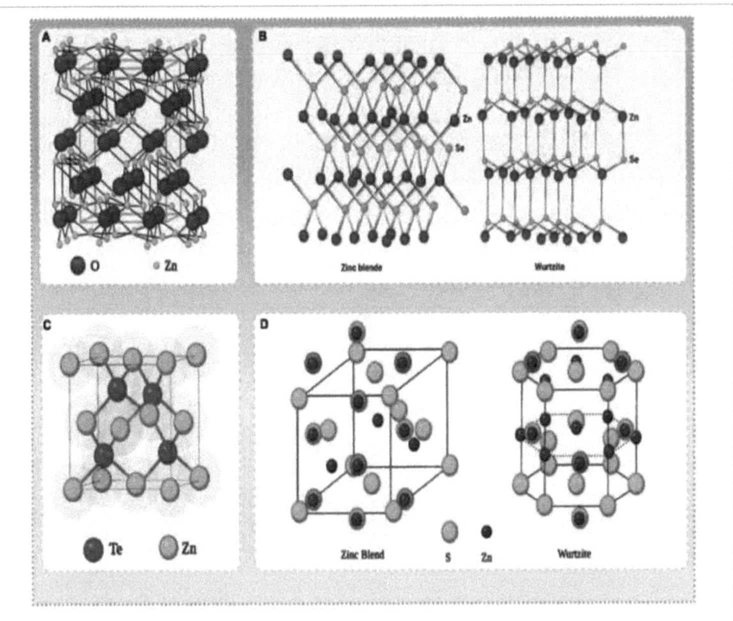

Fig.1.1: a) Rocksalt, b) Zinco blenda, c) Wurtzite

I. 4 Utilizações e aplicações:

I.   Pigmento de tinta.
II. Piezoeletricidade (fornecimento de corrente alternada através do estiramento e libertação de nanofios de óxido de zinco).
III. Díodo laser.
IV. Díodo emissor de luz (LED).
V.   Spintrónica.
VI. Sensores de gás.
VII. Bio-sensores.

VIII. Cosméticos.
 IX. Dispositivos ópticos.
  X. Material de vitrina para exposição.
 XI. Célula solar.
XII. Administração de medicamentos.
XIII. Degradação do corante.
XIV. Controlo da poluição das águas de afluentes industriais.
Considerando todas as aplicações das nanopartículas de ZnO, estamos interessados em estudar a aplicação do ZnO na degradação de corantes.

Basicamente, a degradação do corante é uma parte da fotocatálise.

. Fotocatálise

Nesta secção, o nosso objetivo é fornecer uma definição ampla de fotocatálise, uma vez que esta tem sido utilizada indistintamente na literatura, criando uma confusão considerável quando a terminologia não é tratada com cuidado. Como se verá a seguir, o desenvolvimento da fotocatálise foi efetivamente inspirado pela fotossíntese natural. Nesta perspetiva, deve ser justo considerar as reacções termodinamicamente ascendentes alimentadas pela luz como fotocatálise. No entanto, uma fonte de confusão pode vir da própria natureza termodinâmica ascendente. Na catálise, estas reacções não são espontâneas. Por conseguinte, não se espera que a introdução de um "catalisador" canónico permita uma reação não espontânea. Para conciliar as discrepâncias na terminologia, não é raro na literatura que os autores considerem a luz como um reagente, o que alteraria a visão da termodinâmica do sistema para permitir a ampla aplicação de "fotocatálise" para descrever tais sistemas. Paralelamente, há um grande número de reacções químicas espontâneas cuja cinética é dificultada pelas elevadas energias de ativação (como a oxidação de poluentes); neste caso, a introdução da luz para permitir a reação enquadra-se na definição canónica de catálise. Consequentemente, a fotocatálise seria a terminologia ideal para descrever essas reacções. Além disso, uma classe menos óbvia de reacções que também utiliza frequentemente a palavra-chave fotocatálise são as que requerem potenciais aplicados externamente. Na literatura, estas reacções são designadas de forma variável como reacções fotoelectroquímicas ou fotoelectrocatalíticas. A nossa opinião é que os processos fundamentais envolvidos nestas reacções são os mesmos, quer se trate de fotossíntese ou de fotocatálise canónica. Consequentemente, devem ser tratados como o mesmo grupo de reacções para benefício da compreensão e do desenvolvimento futuro.

Já em 1901, o químico Giacomo Ciamician foi um dos primeiros a realizar experiências para estudar se "a luz e apenas a luz" permitiria reacções químicas. Efectuou experiências com luzes azuis e vermelhas e verificou que só a luz azul produzia um efeito químico. Foi suficientemente cuidadoso para excluir a possibilidade de estas reacções serem provocadas pelo aquecimento térmico induzido pela luz. Em 1911, a palavra-chave "fotocatálise" apareceu pela primeira vez na literatura científica. Os cientistas referiram-se à fotocatálise do branqueamento do azul da Prússia pelo ZnO sob iluminação. Esta observação inspirou experiências subsequentes de utilização do ZnO como fotocatalisador para outras reacções, como a redução de Ag^+ a Ag sob irradiação em 1924. Note-se que, embora as reacções fotossensíveis tenham sido descobertas muito antes destes esforços, esses processos não envolveram um catalisador sensível à luz. Posteriormente, em 1932, o TiO2 e o Nb2O5 foram referidos como responsáveis pela redução fotocatalítica de $AgNO_3$ a Ag e $AuCl_3$ a Au. Posteriormente, o TiO2 foi investigado em 1938 como fotossensibilizador para branquear corantes na presença de O_2. No entanto, o interesse pela fotocatálise continuou a ser um passatempo devido à ausência de aplicações práticas correntes. A situação alterou-se no início da década de 1970 por duas razões. Em primeiro lugar, a "crise do petróleo" levou os cientistas a procurar fontes de energia alternativas aos combustíveis fósseis. Em segundo lugar, as preocupações com o impacto ambiental das operações industriais em grande escala motivaram os investigadores a procurar fontes de energia renováveis. Vários trabalhos seminais foram publicados durante este período. Em 1968, cientistas do Bell Lab relataram pela primeira vez a evolução do O_2 no TiO_2. Em 1972, Fujishima e Honda relataram a oxidação fotoassistida de H2O com produção de H2 utilizando eléctrodos de TiO2 sob irradiação de luz UV. Em 1977, foi comunicada a separação fotocatalítica da água sem entrada de energia externa para além da luz, produzindo H_2 e O_2 sob árgon numa proporção estequiométrica de 2:1. Curiosamente, este trabalho constatou que o O2 se formava mas a evolução do H2 era inibida na presença de N_2. Os autores concluíram que o N_2 era reduzido a NH3 e a uma quantidade vestigial de N2H4 pelo TiO2. Durante o mesmo período de tempo, Frank e Bard relataram pela primeira vez a decomposição de CN^- e SO_3^{2-} pelo TiO_2, ZnO e CdS sob luz. Mais tarde, Fujishima et al. relataram estudos sobre a redução fotocatalítica do CO2 utilizando vários semicondutores inorgânicos como fotocatalisadores em 1979. Estes esforços iniciais alargaram as aplicações da fotocatálise, atraindo uma atenção significativa da investigação na década de 1980 para reacções semelhantes utilizando, em particular, nanopartículas de TiO2 como fotocatalisadores. Desde então, as investigações têm-se concentrado na compreensão dos princípios fundamentais, no aumento da eficiência fotocatalítica, na procura de novos fotocatalisadores e no alargamento do âmbito das reacções. Por exemplo, o efeito de super-hidrofilicidade foto-induzido foi descoberto no TiO2 em 1997. Como resultado, o TiO2 com funcionalidades de auto-limpeza e antiembaciamento tem sido aplicado em materiais de construção. No desenvolvimento de novos fotocatalisadores, foram estudados muitos candidatos com actividades fotocatalíticas mais elevadas do que o TiO2, a maioria dos quais com grandes intervalos de banda e apenas activos sob luz UV. Para obter eficiências mais elevadas, os fotocatalisadores que absorvem a luz visível têm sido estudados em paralelo. Entretanto, os investigadores aprenderam gradualmente mais sobre os princípios que regem a fotocatálise, que serão discutidos mais adiante nesta revisão

Definição geral de fotocatálise

A fotocatálise, embora varie em pormenor em termos de reacções e mecanismos, pode ser descrita por quatro etapas importantes: (I) absorção de luz para gerar pares eletrão-buraco; (II) separação de cargas excitadas; (III) transferência de electrões e buracos para a superfície dos fotocatalisadores; e (IV) utilização de cargas na superfície para reacções redox. Na terceira etapa, uma grande parte dos pares de electrões e buracos recombinam-se, quer no caminho para a superfície, quer nos locais da superfície. A recombinação dissipa a energia recolhida sob a forma de calor (recombinação não radiativa) ou de emissão de luz (recombinação radiativa). As cargas fotogeradas de longa duração na superfície têm o potencial de promover diferentes reacções redox, cujos pormenores dependem das propriedades de dador ou aceitador das espécies absorvidas na superfície.

Juntamente com o estudo do fotocatalisador, estamos interessados em estudar os parâmetros de qualidade da água utilizando nanopartículas de ZnO.

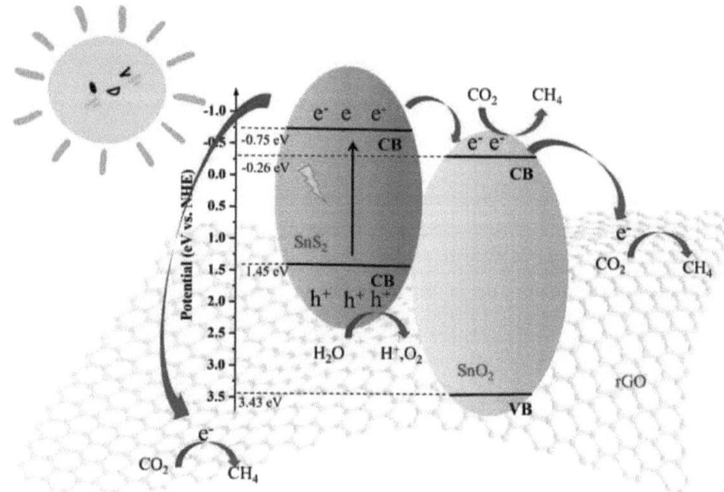

Esquema da fotocatálise

Capítulo 2: Material e métodos

As nanopartículas de ZnO são sintetizadas por dois métodos:

1. Método Sol-gel

2. Método de precipitação direta

2.1 Método Sol-gel

2.1.1 Introdução:

O sol-gel é um processo químico húmido que envolve a suspensão coloidal (sol) e a gelificação do sol em fase líquida contínua (gel) para formar uma estrutura de rede tridimensional. O processo que envolve a conversão de monómeros em solução coloidal é conhecido como sol-gel. Neste processo químico, o sol evolui gradualmente para a formação de um sistema fágico de corante semelhante a um gel. O controlo da composição e da morfologia é possível através do método sol-gel, pelo que seleccionámos o método sol-gel para a síntese de ZnO.

2.1.2 Vantagens do método sol-gel:

I. Utiliza uma temperatura relativamente baixa.

II. Pode criar um pó muito fino.

III. Produziu uma composição que não é possível no estado sólido.

IV. É fácil de realizar em laboratório.

V. É a mais simples, homogénea, de baixo custo, fiável, reprodutível e controlável.

VI. O lucro elevado pode ser a investigação e o desenvolvimento - eficiência dinâmica.

VII. É possível arquivar um elevado grau de pureza e uma estequiometria correcta.

2.1.3 Desvantagens do método Sol-gel:

I.   Baixo período de deposição.
II.   Custo elevado de fabrico.

III.   É necessária uma temperatura elevada de cerca de 500° c para formar nanocristais.

IV.   Não é possível fixar uma camada espessa de nanopartículas na substância.

V.   Sensibilidade da humidade.

2.1.4 Factores que afectam o método sol-gel:

Os factores que influenciam as propriedades do produto final adquirido pela técnica de solgel incluem

I.   Rácio de hidrólise.
II.   Acidez do agente de hidrólise.
III.   Condição de gelificação.
IV.   Procedimento e tipo de solvente.

2.1.5 Síntese de nanopartículas de ZnO pelo método Sol-gel:

- **Produtos químicos:**
    I.   Acetato de zinco - 4,4 gm
    II.   Etanol - 50ml
    III.   NaOH - 100%

    Todos os produtos químicos utilizados são de qualidade **superior**.

- **Procedimento:**
    o Lavar todos os aparelhos com ácido crómico e secar todos os aparelhos.
    o Colocar 4,4 g de acetato de zinco num copo.
    o Adicionar 50 ml de etanol.
    o Colocar o copo num agitador magnético e agitar durante 1 hora a 60^0 c.
    o Quando o pH das soluções é 3, adicione NaOH gota a gota até o pH se tornar 8.
    o Forma-se um precipitado, filtra-se na bomba de sucção e seca-se bem.

o Recozimento a 240^0 c durante 1 hora.

o As nanopartículas de ZnO formam um pó branco.

Fig.2.1 :Síntese de nanopartículas de ZnO pelo método sol-gel

2.2 Método de Precipitação Direta

Introdução:

O método de precipitação direta é utilizado para sintetizar partículas de ZnOnano de tamanho nanométrico utilizando matérias-primas.

O método de precipitação direta é o mais simples e o mais económico. Quando os produtos iónicos excedem os produtos de solubilidade, ocorre a precipitação.

Através do processo de nucleação, ocorre o crescimento de nanopartículas. Seleccionámos o método de precipitação direta.

A caraterização das partículas obtidas foi feita através de difractometria de raios X, para além da morfologia das partículas através de microscópio eletrónico de transmissão.

2.2.1 Vantagens do método de precipitação direta:

I.   Elevado grau de seletividade.
II.   Processo num só passo.
III.   Menos demorado.
IV.   Baixo custo.
V.   Os resultados são precisos e exactos.
VI.   Necessita apenas de um aparelho simples.

2.2.2 Desvantagens do método de precipitação direta:

I.   Alteração da impureza.
II.   Elevado investimento de capital.
III.   Necessidade de alta pressão.
IV.   Tempo de secagem longo.

2.2.3 Factores que afectam o método de precipitação direta:

I.   Caracterização da precipitação.
II.   Fornecimento de humidade.
III.   Posição frontal.
IV.   Instabilidade atmosférica.

2.2.4 Síntese de nanopartículas de ZnO pelo método de precipitação direta:

- ***Produtos químicos***
  I. Nitrato de zinco 0,2 M
  II. 0,4 M KOH
  III. Água destilada

Todos os produtos químicos utilizados são de ***qualidade AR***.

- ***Procedimento-***
  - Lavar todos os aparelhos com ácido crómico e secá-los.
  - Num balão volumétrico de 100 ml, adicionar nitrato de zinco 0,1M, dissolver com água destilada e diluir até à marca.
  - Em seguida, adicionar gota a gota solução de KOH 0,4 M em solução de nitrato de zinco com agitação constante e lenta durante 1 hora à temperatura ambiente num agitador magnético.
  - Forma-se uma suspensão branca.
  - Filtrar a precipitação na bomba de aspiração e secá-la bem.
  - Recozimento a 240^0 c durante 1 hora.
  - As nanopartículas de ZnO formarão um pó branco.

*fig. 2.2: Síntese de nanopartículas de Zno pelo método de precipitação
direta*

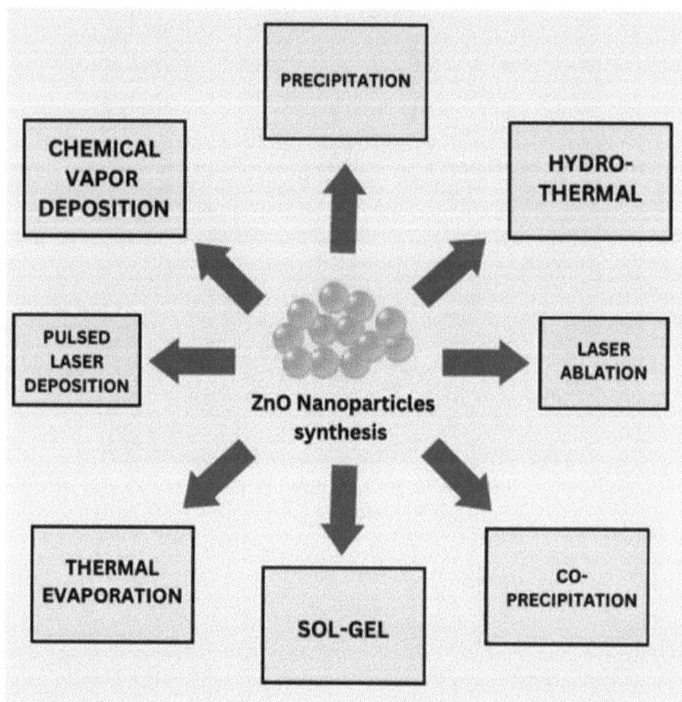

Métodos para a síntese de nanopartículas de ZnO

Capítulo 3: Caracterização das nanopartículas de ZnO

3.1: Mecanismo de crescimento e reação das nanopartículas de ZnO:

$$Zn(CH_3COO)_2 \cdot 2H_2O \xrightarrow[\text{aq. medium}]{\triangle} Zn(OH)_2 + 2CH_3COOH$$

$$Zn(OH)_2 \underset{}{\overset{Na^+ OH^-}{\rightleftharpoons}} [Zn(OH)_4]^{2-} + Na^+$$

$$Zn(OH)_2 \underset{}{\overset{H^+ OH^-}{\rightleftharpoons}} [Zn(OH)_4]^{2-} + H^+$$

$$[Zn(OH)_4]^{2-} \rightleftharpoons ZnO + H_2O + 2OH^-$$

Numa síntese típica, o acetato de zinco é utilizado como precursor do ZnO. Inicialmente, a reação do acetato de zinco com a molécula de água forma hidróxido de zinco na molécula de água de anilina, que é removida, e forma-se óxido de zinco ZnO. Neste processo, formam-se inicialmente núcleos de sementes e o número de núcleos de sementes junta-se para formar núcleos múltiplos.

Este centro multi-núcleos favorece o crescimento de nano-grãos de ZnO. Desta forma, ao controlar a composição química de uma reação, obtemos nano-grãos de ZnO. O pó de ZnO sintetizado é ainda caracterizado por características ópticas (UV-visível), estruturais (XRD) e morfológicas (SEM)

3.2: Espectrofotómetro UV-visível

Princípio:

Um dos métodos mais promissores para determinar o intervalo de banda de um material é o estudo da absorção ótica. O princípio de funcionamento do espetrofotómetro UV-visível é a lei de Beer-Lamberts. A lei de Beers-Lamberts é a relação linear entre a absorvância e a concentração das espécies absorventes. A lei geral de Beer-Lamberts é geralmente escrita como,

$$A = \alpha \, X \, b \, X \, c$$

Em que A é a absorvância medida, α- é o coeficiente de absorção, b- é o comprimento do trajeto e c- é a concentração da amostra.

Utilizámos o instrumento da empresa Shimazdu para a caraterização ótica das nanopartículas de ZnO.

O tipo de máquina é portátil

Modelo - UV 1800

Marca - Shimadzu

Comprimento de onda - 190-1100 nm

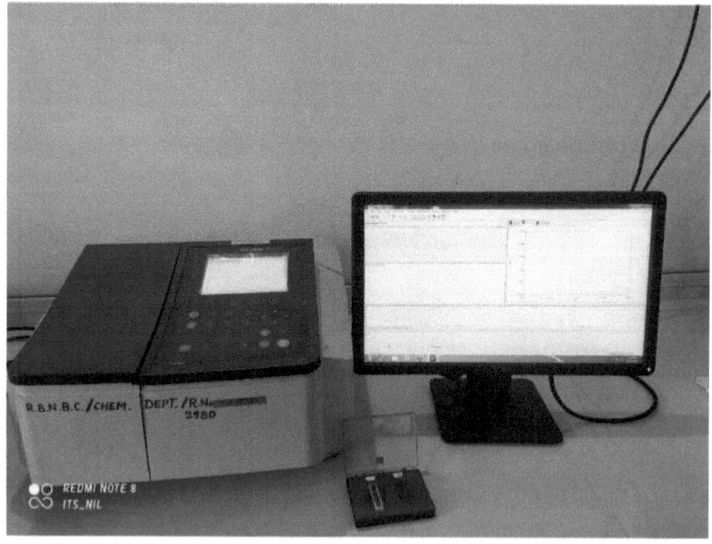

O tamanho das nanopartículas desempenha um papel importante, uma vez que a alteração do tamanho do material altera todas as propriedades dos nanomateriais.

A evolução do tamanho dos nanomateriais semicondutores é essencial para explorar as propriedades do material. A espetroscopia de absorção UV-visível é uma técnica muito utilizada para examinar as propriedades ópticas das partículas nanométricas.

Os espectros de absorção das nanopartículas de ZnO são apresentados na fig. 3.2.

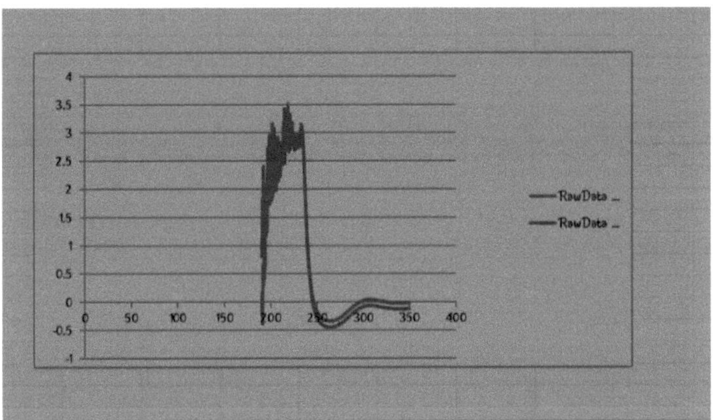

Fig 3.2: Espectros de absorvância ótica das nanopartículas de ZnO

O ZnO é um material sensível aos raios UV e apresenta uma absorção máxima a 240 nm.

3.2 Técnica de difração de raios X (XRD):

A estrutura cristalina e os parâmetros de rede do material podem ser determinados utilizando a poderosa técnica de XRD. Max Von Laue, em 1912, descobriu que as substâncias cristalinas actuam como grelhas de difração tridimensionais para o comprimento de onda dos raios X, que é semelhante ao espaçamento entre os planos de uma rede cristalina. A DRX é agora uma técnica comum para o estudo da estrutura cristalina e do espaçamento atómico.

Princípio:

Quando os raios X interagem com um material sólido, os feixes dispersos reforçam-se uns com os outros em algumas direcções devido à disposição regular dos átomos na estrutura cristalina. Esta interferência construtiva resulta em padrões de difração.

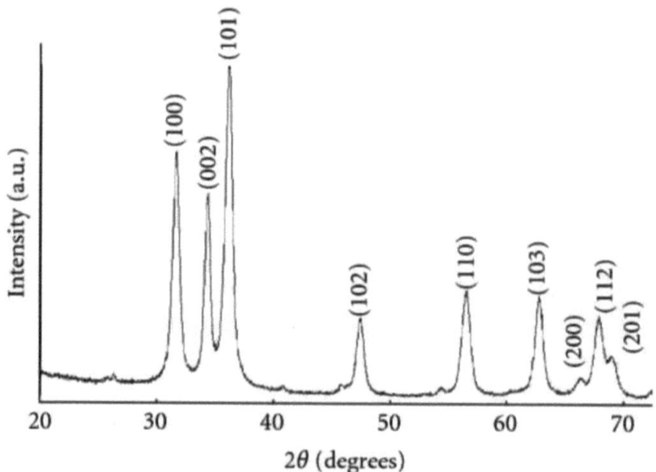

Fig 3.3: Padrão XRD das nanopartículas de ZnO.

A Fig. 3.3. representa o padrão de difração de raios X das nanopartículas de ZnO. Um alargamento definido da linha dos picos de DRX indica que o material preparado é constituído por partículas com intensidade, posição e largura de pico à escala nanométrica, dados de largura total a meio máximo (FHWM). Os picos de difração localizados em 31.840, 34.520, 36.330, 47.630, 56.710, 62 . 960, 68.960, 68.130 e 69.180 foram indexados como fase hexagonal wurtzite em ZnO [28, 29] com constante de rede a=b=0. 324nm e c=0.521nm (número de cartão JPCDS: 36-1451) [30], e também confirma que as nanopartículas sintetizadas estavam livres de impurezas, uma vez que não contêm qualquer pico de caraterização XRD para além do pico de ZnO. O diâmetro das nanopartículas de ZnO sintetizadas foi calculado utilizando a fórmula de Debye-Scherrer.

$$D = \frac{0.89\lambda}{\beta cos\theta}$$

Onde, 0,89 é a constante de Scherrer

λ é o comprimento de onda dos raios X

θ é o ângulo de difração de Bragg

β é a largura total a meio máximo (FWHM) do pico de difração correspondente ao plano. O tamanho médio das partículas da amostra foi de 16,21 nm, derivado da FWHM do pico mais intenso correspondente ao plano 101, localizado a $36,33^0$, utilizando a fórmula de Scherrer.

3.4 Microscópio eletrónico de varrimento (SEM):

Os microscópios electrónicos são instrumentos científicos. É utilizado para examinar objectos a uma escala muito fina, utilizando um feixe de electrões energéticos. A história da microscopia eletrónica começou com o desenvolvimento da ótica eletrónica. O princípio básico da microscopia eletrónica é a interação do eletrão incidente com a superfície do material.

Princípio de SEM:

A incidência de um feixe de electrões bem definido sobre uma amostra leva à geração de electrões secundários, electrões retrodispersos e raios X característicos. Estes sinais são detectados por vários detectores e fornecem informações sobre a estrutura e a morfologia da superfície da amostra. Os electrões secundários são os mais valiosos para mostrar a morfologia e a topografia da amostra, enquanto os raios X característicos são utilizados para a análise elementar para determinar os elementos presentes na amostra preparada.

Morfologia

A morfologia da superfície das nanopartículas de ZnO foi estudada com recurso ao SEM e à resultância. A Figura 3.3 representa as imagens SEM das nanopartículas de ZnO em diferentes ampliações. Estas imagens confirmam a formação de nanopartículas de ZnO. Estas imagens comprovam que se obtém uma morfologia aproximadamente granular, não porosa, e o SEM mostra que se formam nano partículas uniformes, bem aderentes e sem fissuras. Esta morfologia nano-granular é altamente benéfica para o fotocatalisador. A partir da imagem, também se pode ver que o tamanho das nanopartículas é inferior a 10um, o que está de acordo com o tamanho das partículas (8,32nm).

Fig 3.4: a) Imagem SEM de baixa resolução das nanopartículas de ZnO, b) Imagem SEM de alta resolução das nanopartículas de ZnO.

Capítulo 4: Aplicações das nanopartículas de ZnO e conclusões

4.1. Degradação do corante

Definição:

A degradação do corante é um processo em que as grandes moléculas de corante são decompostas quimicamente em moléculas mais pequenas. Os produtos resultantes são água, dióxido de carbono e subprodutos minerais que dão a cor original do corante. A cor do material torna-se permanente.

Os corantes sintéticos encontram-se numa vasta gama de produtos como o vestuário, o couro, os acessórios e o mobiliário. Estes corantes são utilizados diariamente. No entanto, um efeito secundário da sua utilização generalizada é o facto de até 12% destes corantes serem desperdiçados durante o processo de tingimento e de cerca de 20% deste desperdício entrar no ambiente (principalmente no abastecimento de águas residuais)

4.1.1. Fotocatálise

Definição:

A fotocatálise é definida como o início de uma reação química sob a ação de radiação ultravioleta, visível ou infravermelha na presença de uma substância foto catalisadora que absorve a luz e está envolvida na transformação química de poluentes em reação.

O conceito de fotocatálise foi descoberto por Honda e Fujishima em 1972.

Degradação de corantes por nanopartículas de ZnO:

- Produtos químicos:

I. Vermelho de metileno
II. Nanopartículas de ZnO
III. Água destilada

- Procedimento:

- o Colocar 40 mg de vermelho de metilo num copo e dissolver em 100 ml de água destilada. Água.
- o Em seguida, pipetar 5,0 ml de solução de vermelho de metilo e dissolver 100 ml com água dist. Água no copo.
- o De seguida, prepara-se a nossa solução de vermelho de metilo a 20ppm.
- o Medir o comprimento de onda máximo desta solução no espetrofotómetro de UV.
- o Em seguida, adicionar uma pitada de nanopartículas de ZnO numa solução de vermelho de metilo a 20 ppm. Agitar durante 1 hora num agitador magnético.
- o Colocar esta solução na câmara UV durante 1 hora e medir o comprimento de onda máximo.
- o Repetir este procedimento de 15 em 15 minutos e medir o comprimento de onda no espetrofotómetro de UV.

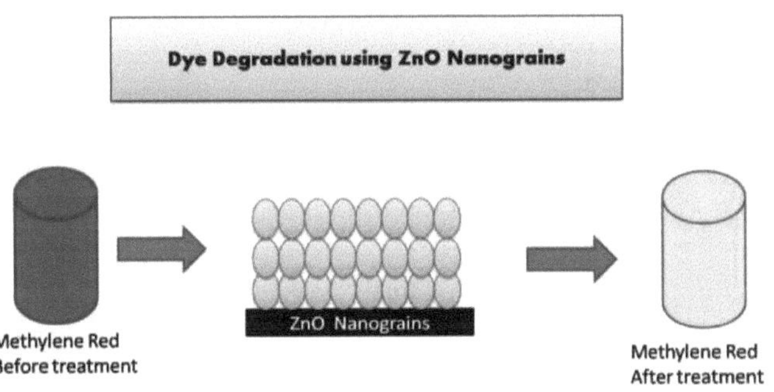

Fig.4.1.1: Degradação do corante utilizando grãos de ZnO

Fig:4.1.2: Degradação do corante vermelho de metileno por nanopartículas de ZnO.

Gráfico:

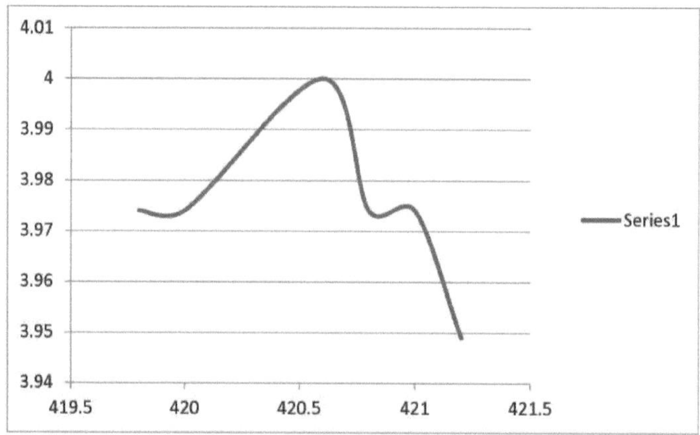

Fig :4.1.3: Comprimento de onda do vermelho de metileno antes do tratamento das nanopartículas de ZnO.

A solução de vermelho de metileno apresenta um comprimento de onda máximo de **420,6nm** sem tratamento de nanopartículas de ZnO.

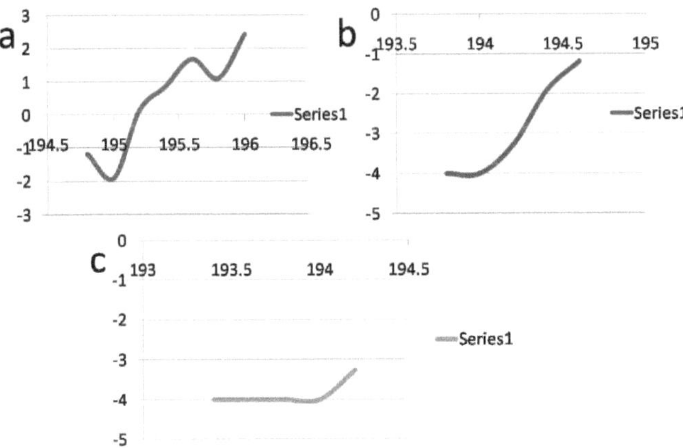

Fig :4.1.4: Comprimento de onda do vermelho de metileno após
tratamento com nanopartículas de ZnO.

O gráfico (a) mostra que o comprimento de onda da solução de vermelho de metileno após o tratamento das nanopartículas de ZnO a **0 min é de 195,6 nm.**

O gráfico *(b)* mostra que o comprimento de onda da solução de vermelho de metileno após o tratamento das nanopartículas de ZnO durante 15 **minutos é de 194,6 nm.**

O gráfico (c) mostra que o comprimento de onda da solução de vermelho de metileno após o tratamento das nanopartículas de ZnO durante 30 **minutos é de 193 nm.**

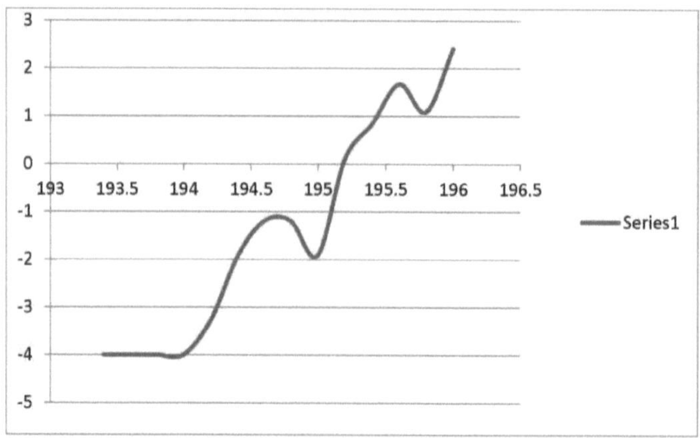

Fig:4.1.5:Comprimento de onda do vermelho de metileno após tratamento de nanopartículas de ZnO.

Todos os resultados do gráfico mostram que o corante vermelho de metileno é degradado pela utilização de nanopartículas de ZnO na presença de radiação UV.

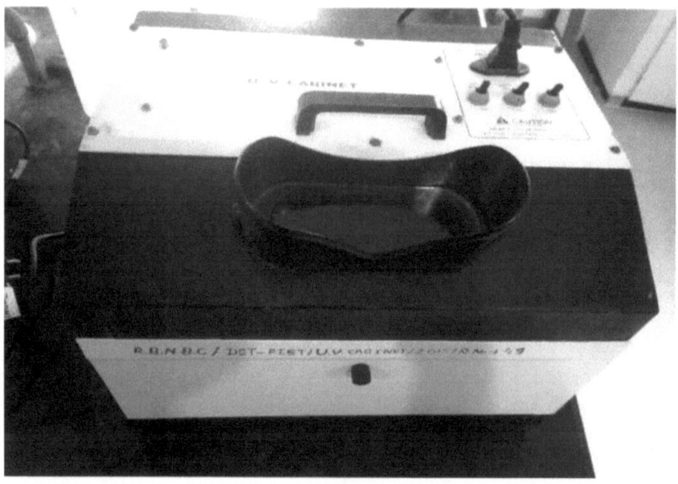

Fig: 4.1.6: Câmara de UV

Resultado:

I. Methylene red before reading	420.6nm

II. Methylene red after ZnO addition reading	Time	Wavelength
	0 min	195.6nm
	15 min	194.6nm
	30 min	193.0nm

4.2. Tratamento de águas residuais industriais por nanopartículas de ZnO:

4.2.1. Turbidez

Princípio:

A turvação é uma medida da concentração de sólidos em suspensão na água, estes sólidos em suspensão são representados por substâncias volumosas e matérias microscópicas. Todas estas matérias constituem um meio heterogéneo.

A turvação é uma propriedade ótica da água baseada na quantidade de luz dispersa e absorvida por partículas coloidais e em suspensão. A luz transmitida pela fonte é direccionada com igual intensidade para o detetor de referência e para o meio.

33

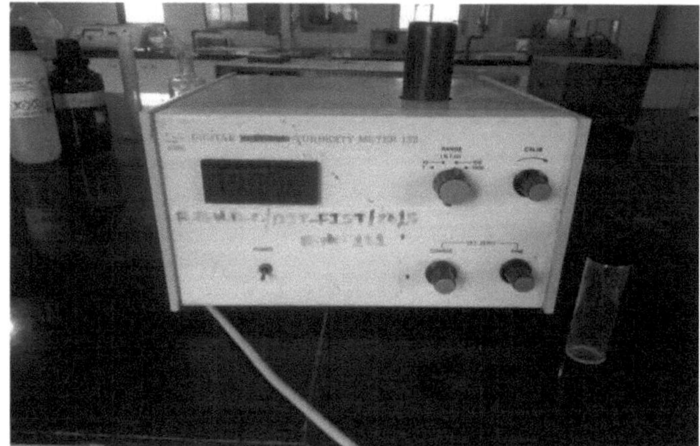

Fig 4.2.1: Medidor de turbidez

Tratamento de amostras de águas residuais industriais utilizando nanopartículas de ZnO.

- Produtos químicos:
I. Solução 100ppm NTU

II. Águas residuais industriais

III. Nanopartículas de ZnO

- Procedimento:
o Colocar a solução de 100ppm NTU num frasco de vidro turbidimétrico.

o Padronização do turbidímetro utilizando a solução NTU definida como 0.

o Agora, pegue nas águas residuais industriais noutra garrafa de vidro.

o Em seguida, medir a turbidez de uma determinada amostra de água num turbidímetro.

o Alterar a adição de nanopartículas de ZnO numa determinada amostra de água e agitá-la durante 1 hora e mantê-la durante 24 horas.

o Em seguida, medir a turbidez no turbidímetro.

Fig 4.2.2: a) Turbidez das águas residuais sem tratamento com ZnO b) Turbidez das águas residuais com tratamento com ZnO

- Resultado:

Sr.no	Without treatment reading	With treatment reading
1.	32.2	21 5
2.	32.1	21.4
3.	31.9	21.3

4.2.2. Dureza (método EDTA)
Princípio:

A dureza da água deve-se à presença de sais dissolvidos de cálcio e magnésio. É imprópria para beber, tomar banho, lavar e também forma escamas nas caldeiras. Assim, é necessário estimar a quantidade de substâncias produtoras de dureza presentes nas amostras de água, uma vez estimada, a quantidade de produtos químicos necessários para o tratamento da água pode ser calculada.

A dureza da água é determinada por titulação com uma solução padrão de ácido etileno diamino tetra acético (EDTA), que é um agente complexante. Uma vez que o EDTA é insolúvel em água, utiliza-se nesta experiência o sal dissódico do EDTA.

1. dureza total

A dureza total é devida à presença de bicarbonatos, cloretos e sulfatos de iões de cálcio e magnésio. A dureza total da água é estimada titulando a amostra de água contra EDTA, utilizando o indicador Eriochrome Black-T (EBT). Inicialmente, o EBT forma um complexo fraco de cor vermelha vinho EBTCa2+/Mg2+ com os iões Ca2+/Mg2+ presentes na água dura. Quando se adiciona uma solução de EDTA, os iões Ca Mg$^{2+/2+}$ formam preferencialmente um complexo estável EDTACa Mg$^{2+/2+}$ com o EDTA, deixando o indicador EBT livre em solução de cor azul aço na presença de um tampão de amoníaco (mistura de cloreto de amónio e hidróxido de amónio, pH 10).

Eriochrome Black-T + Ca^{2+}/Mg^{2+} $\longrightarrow$ Eriochrome Black-T-Ca^{2+}/Mg^{2+}

(Wine red)

Eriochrome Black-T-Ca2+/Mg2+ $\longrightarrow$ EDTAEDTA-Ca2+/Mg2+ + Eriochrome Black-T

(Wine red)   (Steel blue)

A titulação complexométrica ou quelatometria é um tipo de análise volumétrica em que o complexo colorido é utilizado para determinar o ponto final da titulação. A titulação é um dos métodos comuns utilizados em laboratórios para determinar a concentração desconhecida de um analito que foi identificado. É um método utilizado na análise química quantitativa.

É por vezes designada por análise volumétrica, uma vez que as medições de volume desempenham um papel vital. Neste caso, o reagente é utilizado como solução padrão e é designado por titulante. O volume do titulante é definido como o volume de um titulante que reage. A titulação complexométrica consiste na deteção de misturas de diferentes iões metálicos presentes na solução.

Quando cada gota de titulante é adicionada, a reação atinge rapidamente o estado de equilíbrio. Não há hipótese de ocorrerem situações de interferência. O ponto de equivalência pode ser identificado com grande exatidão utilizando uma titulação complexométrica. O EDTA é utilizado como titulante e está praticamente bem estabelecido.

Índice

- Indicadores

- Titulação complexométrica de EDTA
- Perguntas mais frequentes - FAQs

Indicadores

O Calmagite e o Eriochrome BlackT (EBT) são indicadores que mudam de azul para cor-de-rosa quando se complexam com cálcio ou magnésio. O ponto final de uma titulação complexométrica de EDTA utilizando Calmagite ou EBT como indicador é detectado quando a cor muda de rosa para azul.

A deteção do ponto final na titulação complexométrica pode ser efectuada por dois métodos.

1. Método visual

Um dos métodos mais comuns para a determinação do ponto final devido à sua simplicidade, baixo custo e exatidão. De seguida, apresentam-se alguns dos métodos visuais utilizados para determinar o ponto final das titulações complexométricas.

- Indicadores metalocrómicos ou PM
- Indicadores de pH
- Indicadores redox

2. Método Instrumental

A utilização de métodos visuais na determinação do parâmetro não está isenta de limitações, incluindo imprecisão ou erros visuais humanos. Algumas técnicas instrumentais utilizadas na determinação do parâmetro são

- Fotometria

- Potenciometria

- Métodos diversos.

Titulação complexométrica de EDTA

- O EDTA, designado por ácido etilenodiaminotetracético, é um indicador complexométrico constituído por dois grupos amino e quatro grupos carboxilo, designados por bases de Lewis.

- A edta é um ligando hexadentado devido à sua competência para denotar seis pares de electrões solitários devido à formação de ligações covalentes.

- Mesmo a presença de pequenos iões metálicos levaria a uma mudança distinta na cor. Isto leva à formação de um complexo fraco.

- Os agentes complexantes são menos solúveis em água, e a maioria deles são ácidos livres.

- São utilizados em soluções volumétricas. Antes de serem utilizados, são convertidos em sais de sódio que são viáveis em água.

- Uma vez que se caracterizam por uma menor solubilidade em água, são utilizados para a titulação.

- Por vezes, são utilizados métodos de titulação simples para determinar os iões metálicos simples presentes na água. Mas, para determinar o número exato de iões metálicos presentes, utiliza-se a titulação complexométrica, que é conduzida com EDTA.

- ***Produtos químicos:***
II.   Solução padrão de EDTA
III.   Indicador EBT

IV.   Amostra de águas residuais industriais

V.   Tampão de amónio

- ***Procedimento***:

Encher a bureta com solução padrão de EDTA até ao nível zero, seguindo as precauções habituais.

- **Estimativa da dureza total**

  o Pipetam-se 20 ml da amostra de água para um erlenmeyer limpo.

  o Adicionam-se 5 ml de tampão de amoníaco e 2 gotas de indicador EBT e titulam-se com EDTA a partir da bureta.

  o O ponto final é a mudança de cor de vermelho vinho para azul aço. A titulação é repetida para obter um valor de titulação concordante.

Fig 4.2.3: a) Dureza da água sem tratamento com ZnO,
b) Dureza da água com tratamento com ZnO.

- **Titulação-1 Estimativa da dureza total**
- **Padrão EDTA vs Amostra de água**

- *Tabela de observação:*

Sr. no	Volume of hard water sample(ml)	Burette Reading of EDTA	
		Without treatment of ZnO	With treatment of ZnO
1.	20 ml	12.5 ml	7.2 ml
2.	20 ml	12.2 ml	6.9 ml
3.	20 ml	11.9 ml	7.0 ml

- *Cálculo:*

Cálculo da dureza total

Total hardness= $\dfrac{\text{Volume of EDTA solution consumed} \times 1000}{\text{Volume of hard water taken}}$ ppm

1. Without treatment of ZnO

a. Total hardness = $\dfrac{12.5 \times 1000}{20}$ = 625ppm

b. Total hardness = $\dfrac{12.2 \times 1000}{20}$ = 610 ppm

c. Total hardness = $\dfrac{11.9 \times 1000}{20}$ = 595 ppm

Mean = $\dfrac{625 + 610 + 595}{3}$ = 610 ppm

2. With treatment of ZnO

a. Total hardness = $\dfrac{7.2 \times 1000}{20}$ = 360 ppm

b. Total hardness = $\dfrac{6.9 \times 1000}{20}$ = 345 ppm

c. Total hardness = $\dfrac{7.0 \times 1000}{20}$ = 350 ppm

Mean = $\dfrac{360 + 345 + 350}{3}$ = 351.6 ppm

Resultado:

A amostra de água recolhida contém

1. Dureza total sem tratamento de ZnO = 610 ppm
2. Dureza total com tratamento de ZnO= 351,6 ppm

4.2.3. pH

Princípio:

O pH é a concentração de iões de hidrogénio na solução. Uma solução que contenha mais iões H^+ permanece ácida, enquanto a solução que contenha mais iões OH^- permanece alcalina.

Um medidor de pH é utilizado para determinar a acidez ou alcalinidade da solução.

a) Verificamos o pH utilizando papel de pH de águas residuais industriais sem tratamento de nanopartículas de ZnO, o pH é *ácido*.

b) Após o tratamento com nanopartículas de ZnO, o pH das águas residuais industriais passa a *neutro.*

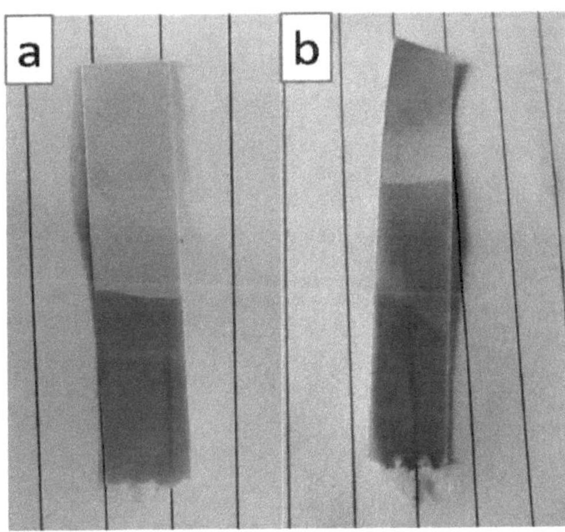

Fig 4.2.4: a) pH da água sem tratamento de nanopartículas de ZnO, b) pH

da água com tratamento de nanopartículas de ZnO.

Resultado:

O tratamento de águas residuais industriais com nanopartículas de ZnO permite-nos observar que o pH no papel de pH muda de ***ácido para neutro.***

Por isso, é útil para fins quotidianos. Não é perigoso para os organismos vivos.

- Conclusões:

O ZnO foi sintetizado por 2 métodos.

1. O estudo ótico revela um intervalo de banda na região UV.

2. O padrão XRD confirma a síntese de ZnO nanocristalino.

3. O SEM mostra uma morfologia nanogranular.

4. O ZnO é uma nanopartícula sensível aos raios UV e é o melhor candidato para a fotocatálise.

5. As nanopartículas de ZnO são utilizadas para a degradação de corantes.

6. As nanopartículas de ZnO são aplicáveis a águas residuais industriais. A utilização de nanopartículas de ZnO permite reduzir a turvação e a dureza da água.

7. . O pH de uma água muda de ácido para neutro.

Todos estes resultados concluem que as nanopartículas de ZnO têm um melhor desempenho para efluentes de águas industriais e fotocatálise.

- Referências

1. Kavitha, K. S. *et al.* Plantas como fonte verde para a síntese de nanopartículas. *Int. Res. J. Biol. Sci.* **2**, 66-76 (2013).

2. Malik, P., Shankar, R., Malik, V., Sharma, N. & Mukherjee, T.K. Green chemistry based benign routes for nanoparticle synthesis. *J. Nanopart.*

3. Makarov, V. V. *et al.* Nanotecnologias "verdes": síntese de nanopartículas metálicas utilizando plantas. *Ata Naturae* **6**, 35-44 (2014)

4. Biswas, B., Rogers, K., Mclaughlin, F., Daniels, D. & Yadav, A. Antimicrobial activities of leaf extracts of Guava *(Psidium guajava* L.) on two Gram-negative and Gram-positive bacteria. *Int. J. Microbiol.*

5. Ahmed, S., Ahmad, M., Swami, B. L. & Ikram, S. A review on plants extract mediated synthesis of silver nanoparticles for antimicrobial applications: A green expertise. *J. Adv. Res.* 7\ 17-28 (2016).

6. Ramesh, P., Rajendran, A. & Sundaram, M. Green synthesis of zinc oxide nanoparticles using flower extract *Cassia Auriculata. J. Nanoscience.*
Nanotechnol. **2**, 41-45 (2014).

7. Benhebal, H.; Chaib, M.; Salomon, T.; Geens, J.; Leonard, A.; Lambert, S.D.; Crine, M.; Heinrichs, B. Alex. Eng. J. 2013, 52, 517-523.

8. Yildirim, O.A.; Durucan, C. *J. Alloy. Compd.* 2010, 506, 944-949.

9. Kang, H.K.; Leem, J.; Yoona, S.Y.; Sung, H.J. Nanoscale., 2014, 6, 2840-2846.

10. Chandross, E.A.; Miller, R.D. *Chem. Rev.,* 1999, *99,* 1641-1642.

11. Djalali, R.; Samson, J.; Matsui, H. *J. Am. Chem. Soc,* 2004, *126,* 7935-

7939.

12. Wang ZL (2004) Zinc oxide nanostructures: growth, properties and applications. J Phys Condens Matter. 16:R829-R858

13. Tienes BM, Perkins RJ, Shoemaker RK, Dukovic G (2013) Fosfonatos em camadas na síntese coloidal de nanocristais de ZnO anisotrópicos. Chem Mater. 25:4321-4329

14. Goh EG, Xu X, McCormick PG (2014) Efeito do tamanho das partículas na absorção de UV das nanopartículas de óxido de zinco. Scripta Mater. 78:49-52

15. Fan ZY, Lu JG (2005) Nanoestruturas de óxido de zinco: síntese e propriedades. J Nanosci Nanotechno. 5:1561-1573

I want morebooks!

Buy your books fast and straightforward online - at one of world's fastest growing online book stores! Environmentally sound due to Print-on-Demand technologies.

Buy your books online at
www.morebooks.shop

Compre os seus livros mais rápido e diretamente na internet, em uma das livrarias on-line com o maior crescimento no mundo! Produção que protege o meio ambiente através das tecnologias de impressão sob demanda.

Compre os seus livros on-line em
www.morebooks.shop

info@omniscriptum.com
www.omniscriptum.com

OMNIScriptum